Infused Waters

U0323534

1秒爱上喝水

50款果蔬水的科学萃取法

[英] 乔治娜·戴维斯（Georgina Davies）著

[英] 卢克·阿尔伯特（Luke Albert）摄影　孙轶惊 译

华中科技大学出版社
http://www.hustp.com
中国·武汉

有书至美
BOOK & BEAUTY

图书在版编目（CIP）数据

1秒爱上喝水：50款果蔬水的科学萃取法／（英）乔治娜·戴维斯（Georgina Davies）著；（英）卢克·阿尔伯特（Luke Albert）摄影；孙轶偍译.—武汉：华中科技大学出版社，2022.6

ISBN 978-7-5680-8158-0

Ⅰ.①1… Ⅱ.①乔… ②卢… ③孙… Ⅲ.①果汁饮料-制作②蔬菜-饮料-制作 Ⅳ.①TS275.5

中国版本图书馆CIP数据核字（2022）第064788号

Infused Water by Georgina Davies
Compilation, design, layout and text © 2019 Quadrille
Photography ©2019 Luke Albert
First published in the United Kingdom by Quadrille Publishing limited in 2019
Chinese translation (simplified characters) copyright: © 2022 by Huazhong University of Science and Technology Press

All Rights Reserved.

简体中文版由Quadrille Publishing limited授权华中科技大学出版社有限责任公司在中华人民共和国境内（但不含香港特别行政区、澳门特别行政区和台湾地区）出版、发行。

湖北省版权局著作权合同登记　图字：17-2022-055号

1秒爱上喝水：
50款果蔬水的科学萃取法
1 Miao Aishang Heshui: 50Kuan Guoshushui de Kexue Cuiqufa

[英] 乔治娜·戴维斯（Georgina Davies）著
[英] 卢克·阿尔伯特（Luke Albert）摄影
孙轶偍 译

出版发行：华中科技大学出版社（中国·武汉）　　　电话：（027）81321913
　　　　　华中科技大学出版社有限责任公司艺术分公司　（010）67326910-6023
出 版 人：阮海洪

责任编辑：莽　昱　谭晰月
责任监印：赵　月　郑红红　　　　　封面设计：邱　宏

制　　作：北京金彩恒通数码图文设计有限公司
印　　刷：北京顶佳世纪印刷有限公司
开　　本：889mm×1194mm　　1/32
印　　张：4
字　　数：16千字
版　　次：2022年6月第1版第1次印刷
定　　价：79.80元

目　录

简介　　　　　　　　　　　　　　　　　　　　　　　7

在我们的果蔬萃取水之旅开始前你需要知道的事　　　8

了解对身体有好处的食材　　　　　　　　　　　　　11

为你健康护航的饮品　　　　　　　　　　　　　　　17

助你活力满满的饮品　　　　　　　　　　　　　　　49

让你身心放松的饮品　　　　　　　　　　　　　　　87

索引　　　　　　　　　　　　　　　　　　　　　　122

致谢　　　　　　　　　　　　　　　　　　　　　　126

简　介

大家都知道日常生活中应该多喝水。专家建议每人每天至少饮用两升水。可是有多少人每天能保证自己的饮水量达标了呢?

大多数人会发现自己更喜欢喝有味道的水,尤其是含有酒精、咖啡因、糖或者甜味剂的饮料。这些饮料虽然让我们的味蕾感到幸福,但也会让我们的身体感到疲惫困倦。

那些曾经尝试过不再饮酒的、或企图控制咖啡摄入量的,抑或是想要放弃健怡可乐的人可能深有体会,用平淡无味的白开水作为工业化生产的调制饮品的替代物是很难令人满意的。

水真的就只能这样平淡无味吗?这本书将会向你证明,水的味道可以变得很精彩。在一杯清水中加入水果、花草、蔬菜和香料,这些新鲜的自然香气让水的味道焕然一新,帮你打开味蕾的新世界。

好喝的萃取水配方并不是这本书的全部。这本书还是一名传播健康知识的"传道士",为你介绍果蔬萃取水对于消化系统和新陈代谢的帮助。果蔬萃取水不但能有效提升体重管理的效率,还能为你的免疫系统提供日常必需的维生素。

水分是维持我们人体九大系统运转的关键。它能帮你维持皮肤和头发的健康,让你的皮肤清透有光泽,还能激发大脑潜能、预防头疼,让你的大脑思维变得更清晰。

这本书涵盖了各式各样的果蔬萃取水配方,有的清爽,有的帮你变得更健康,还有的能让你身心放松。跟着这些配方实践起来,不会占用太多时间,只需要简单几步就可以让喝水这件事变得方便美味。让我们来一起探索这些味道丰富的花草、水果、蔬菜和香料给一杯平平无奇的水所带来的味觉魔法吧!

在我们的果蔬萃取水之旅
开始前你需要知道的事

材料:

· 如果各方面条件允许,请尽量购买高质量的农副产品。

· 所有的水果、蔬菜和花草在使用前一定要清洗干净。

· 尽量使用未添加食用蜡的柑橘类水果(在超市中我们能很容易地找到没有用食用蜡包裹的柠檬。可惜很遗憾的是,其他柑橘类水果的表皮几乎都是覆盖着食用蜡的。其实自己在家去除果皮表面的食用蜡也很简单。把水果放在沥水篮里,用温热的水冲洗水果表面,再用偏硬的刷子轻轻地刷一刷,最后在冷水下冲洗水果并且晾干水分即可)。

· 如果配方中没有特别标注,请使用新鲜的花草而不是干燥的花草。

· 文中如果没有特别标注,请使用没有削皮的水果和蔬菜。

· 文中如果没有特别标注,请不要给苹果和梨去核。

· 文中如果没有特别标注,请使用新鲜研磨的香料。

· 如果可能的话,请使用过滤后的纯净水制作萃取水。

· 配方都是灵活的,你完全可以大胆地尝试各种可能:用气泡水替代纯净水,或者在冷萃的配方中用冰块来替代水都是可以的。

用量:

· 书中的水量都是用美式的量杯单位来计量的。1量杯水约等于250毫升。

· 所有的冷萃水配方都是1.25升,所有的热萃水配方都是500毫升。

· 如果没有额外的注明,书中的配方默认是可以满足两到三人的饮用量。

· 如果只是一个人喝或者不想准备超大号的玻璃瓶来制作和储存萃取水,可以把冷萃水配方里所有材料的用量都减半。

· 书里提到的所有果蔬冷萃水都是在较大的冷水壶里制作,可是如果你想要使用小玻璃瓶和马克杯作为制作的容器也完全没有问题。

· 一般情况下,果蔬冷萃水需要萃取2小时以上。如果你想带着自己喜爱的冷萃水去上班或者去健身房,建议前一晚上完成浸泡前的工序。当然你也可以选择不经过长时间的萃取直接饮用,只是味道会变得比较寡淡。

了解对身体有好处的食材

水果：

苹果的果糖含量低，而维生素含量很高，这使得它成为果蔬萃取水的完美原料。苹果富含抗氧化物质和膳食纤维，可以有效促进新陈代谢。

甜菜根（甜菜）有着多种多样的营养成分，能帮助肺部排毒净化。它尤其富含钙、铁、维生素 A 和维生素 C。

蓝莓虽然看起来很小一颗，不太起眼，但却满载着"健康因子"：营养素、抗氧化物和维生素 C。它不但能保护人体正常细胞不受到自由基的破坏，还对维持心脏健康有帮助。

黄瓜富含对皮肤保养有益的营养素，还有助于缓解黑眼圈和消除眼周水肿。

茴香有利于骨骼和心脏健康的维护，还能帮助身体控制血压，调节消化系统。

猕猴桃不但含有大量助消化的蛋白酶，丰富的维生素含量还有助于免疫力的提升。

柠檬含有丰富的维生素 C，有利于人的消化系统工作，还能帮助清新口气。早起喝一杯放了柠檬片的热水，能帮你唤醒沉睡中的消化系统，是开启新一天的绝佳方式。

橙子是自然界中维生素 C 含量丰富的水果之一。它含有大量抗氧化物，能帮助保护人体正常细胞不受到自由基的破坏。在日常饮用的果蔬萃取水中加入橙子，能帮助你远离感冒和流感。

菠萝富含维生素 C 和抗氧化物，是尽职尽责的免疫系统后卫军，能帮助人们远离感冒。

石榴富含维生素 C、维生素 K、维生素 B（尤其是天然叶酸）和抗氧化物。维生素 B 有助于生物细胞内 DNA 分子的损伤修复。石榴对健康的益处还体现在减少消化道炎症和有助于提高消化系统的能力。

草莓中的维生素 K 和维生素 C 含量很高，同时含有丰富的膳食纤维、叶酸和钾。在所有莓果中，它是应季吃最美味的。

香草：

罗勒可以帮助消除炎症，还可以促进肺部健康。它含有大量的镁元素，能促进血液循环，还有抗菌的功效。

洋甘菊具有舒缓和愈合的功效，尤其是针对炎症、皮肤过敏等方面比较有效。它的镇静作用还能帮助你拥有优质的夜间睡眠。

柠檬香蜂草（柠檬薄荷）因其镇静功效为人所知。它有助于减轻精神压力和心理焦虑，对于完美的夜间睡眠很有帮助。

柠檬草可以抗菌、清新口气、有效防止感染。

薄荷是一种舒缓型香草，有助消化，帮助人体提升有益的胆固醇。

玫瑰果（蔷薇果）富含维生素C，能帮助人体有效预防感冒和抵御病毒。饮用玫瑰果茶可以帮助滋养皮肤，减少岁月在皮肤留下的痕迹。

迷迭香是一种有镇静作用的芳香型香草，它富含铁、钙和维生素B。

百里香是一种对消化系统有益的香草，它的天然油脂可以帮助缓解咳嗽和喉咙发干。

香料：

小豆蔻满满的都是抗氧化成分，能帮助降血压，还能促进消化系统的健康运转，减轻消化不良和恶心、反胃。

肉桂能帮助人体降低血糖，还含有大量有助于抗病毒、抗细菌、抗真菌的物质。

姜能有效缓解因各种因素所产生的恶心、反胃，所以它对于早起和长途旅行中的肠胃不适很有帮助。它还能帮助消化系统变得强健，同时缓解胃部灼热。

姜黄的抗菌、抗氧化和抗炎症能力非常强大，被长期用于治疗和预防一些轻微疾病。它能够提升消化系统状况并且能有效驱虫和防治病毒。

八角（大料）有助于缓解恶心、反胃，增强消化系统功能，缓解咳嗽和咽喉发干等症状。

香草能够帮助人体减少不健康的胆固醇，它还含有利于强化头发和指甲的天然精油。

在超市货架上陈列的：

苹果醋有着极其丰富的、对身体有益的"健康因子"。它能够帮你调整身体的酸碱性，调控血压，助消化，让身体从食物中吸收更多营养物质。购买苹果醋时，一定要选择含有"原始"成分的产品。只有保留了这些初始物质的"生"醋，才确保含有那些对身体有益的细菌和酶。

蜂蜜是天然的能量助推剂，含有大量的抗菌化合物。它是绝佳的工业化生产甜味剂的天然替代品。超市里非常便宜的蜂蜜中往往被添加了很多糖。所以花钱购买贵一点的高品质蜂蜜是很有必要的。如果你有很严重的花粉热（过敏性鼻炎），日常使用你所生活的地域生产的蜂蜜能够帮助减轻症状，同时也帮助当地的养蜂农发展。

玫瑰水能帮助减轻消化系统的一些轻症，还有抗老和活肤的功效。

为你健康护航的饮品

    这一章里的萃取水配方使用了大量较为舒缓的、有助于恢复身体健康的食材。其中涵盖的姜和苹果醋，都因为其对消化道的治愈效果而闻名。从软熟多汁的水果到有清热宁神作用的香草，这些食材能给你手中普通的水瞬间增添几分色彩。

黑莓、橙子和姜

材料：

10 颗黑莓

1 个橙子

1 块大拇指大小的姜

5 量杯纯净水

冰块，适量

制作方法：

把黑莓放在一个小碗里，用勺子的背面轻轻挤压后，将黑莓果汁和果肉一起放入冷水壶中。

用擦丝器轻轻地削出橙皮碎，再把橙子果肉切成精致又美观的薄片。把姜块切片。

把橙皮碎、橙子片和姜片全部放入壶中，倒入冷水。

建议放置于冰箱冷藏室中冷萃 2 小时以上再饮用。

如果你喜欢更清爽的感觉，在喝的时候加几块冰。

小贴士：

如果当下正值血橙收获的季节，试试用血橙来替代普通橙子吧！它能让冷萃水的颜色更加丰富优雅。

姜和哈密瓜

材料:

半个哈密瓜

2 块大拇指大小的姜

5 量杯气泡水

制作方法:

切掉哈密瓜的瓜皮,挖出籽,把瓜肉切成大块,放入冷水壶中。再把姜切薄片,和瓜肉放在一起。最后在壶中倒入气泡水。建议放置于冰箱冷藏室内冷萃 2 小时以上再饮用。

小贴士:

日常生活中用不完的姜可以切成大拇指大小的块状或者切成片后,放入冷冻室保存。这种保存方式可以保留住新鲜的姜味。制作果蔬冷萃水时,可以直接使用冷冻保存的姜。

姜黄、姜和橙子

材料：

1 块大拇指大小的姜

3 块大拇指大小的姜黄

1 个橙子

5 量杯纯净水

冰块，适量

制作方法：

把姜和姜黄切薄片后，散落着放入大号冷水壶中。再把橙子切薄片，一并放入壶中。

壶中灌满纯净水，放置于冰箱冷藏室内。冷萃 2 小时后饮用最佳。

这款萃取水特别清爽提神，喝前再加些冰块会更棒。

一杯下肚，助你开启元气满满的新一天。

小贴士：

现在在一些超市中可以买到新鲜的姜黄，所以购买姜黄应该不是一件太困难的事情。如果你所在地区的超市不供应，可以试试去健康食品店碰碰运气。

如果你真的买不到新鲜姜黄，可以用1茶匙姜黄粉来替代。先把它和少许纯净水混合成糊糊状，然后再加入冷萃水中。

无论你是使用新鲜的姜黄还是干燥的姜黄粉，一定要注意不要把它沾到手上、衣物上和操作台面上。它非常容易留下难以清洁的污渍。

苹果醋和肉桂

热饮

材料：

2 根肉桂棒（如果喜欢更浓郁的肉桂味，可以多加一些）

1 餐匙苹果醋

2 量杯开水

制作方法：

把肉桂棒用杵轻轻挤压，这样能帮助它释放出被尘封的芳香。把肉桂和苹果醋放在茶壶中，灌入热水。放置 5 ~ 10 分钟后饮用。在制作的过程中，空气中飘着满满甜蜜香气的袅袅水雾，心情很治愈。

小贴士：

在购买苹果醋的时候一定要选择含有"原始"成分的产品。只有保留了这些初始物质的"生"醋才确保含有那些对身体有好处的酶和益生菌 。暴饮暴食后，喝一杯这款萃取水，能有效帮助消化系统恢复正常。

蓝莓、迷迭香和杜松子

材料：

4 颗杜松子

15 颗蓝莓

4 枝迷迭香（如果喜欢更浓郁的迷迭香味道，可以酌情添加）

5 量杯纯净水

冰块❶，适量

制作方法：

用杵轻捣杜松子，挤压出汁，使它释放出特有的香气。再加入蓝莓，轻轻地挤一下。把混合挤压好的果浆和果肉连同迷迭香一起放入壶中，倒入冷水浸泡。请放置于冰箱冷藏室内，冷萃 2 小时后饮用最佳。如果你喜欢更精致的饮用方式，可以在杯子里放入蓝莓和迷迭香作为装饰。

小贴士：

杜松子最常见的用途是给金酒（琴酒）调味。它含有大量的抗菌物质，当你在生病的时候，不妨试试用杜松子来做一杯饮品。

注：本书食谱中的冷水是用纯净水加冰块制成。

黑莓和柠檬

材料：

10 颗黑莓

2 个柠檬

5 量杯纯净水

冰块，适量

制作方法：

把黑莓放在一个小碗里，用勺子的背面把它们轻轻碾碎，然后用汤匙把果肉和果浆放入壶中，记得不要漏掉任何一滴果汁。取出 1 个柠檬切薄片后放入壶中，剩下的 1 个柠檬挤出果汁加入壶中。最后倒入冷水浸泡。请放置于冰箱冷藏室内，冷萃 2 小时以上，再取出饮用。

小贴士：

如果你喜欢更加清爽又别具风味的萃取水，可以在把柠檬切片之前，轻轻刮一些柠檬皮碎屑（只限于黄色部分，不要刮取白色部分）加入壶中。

西瓜和薄荷

材料:

150 克去皮的西瓜肉，切成块

6 枝薄荷

5 量杯纯净水

冰块，适量

制作方法:

把准备好的切块西瓜肉放入一个大壶中。用手掌轻轻揉压薄荷，让它们释放出香气后，放入壶中。最后倒入冷水浸泡。请放置于冰箱冷藏室内，冷萃 2 小时以上再饮用最佳。这款特别止渴的冷萃水非常适合炎热的夏日饮用!

薄荷、柠檬和姜

热饮

材料：

1 块大拇指大小的姜

1 个柠檬

5 枝薄荷（如果喜欢浓郁的薄荷香气，可以多添加一些）

2 量杯开水

制作方法：

把姜块切薄片，用杵轻轻击打后，放入小茶壶中。柠檬切成薄片后放入壶中。用手掌轻轻揉压薄荷，让它们释放出香气后与其他准备好的材料混合。在茶壶中灌满热水，放置 5 ~ 10 分钟后饮用。如果你喜欢更精致的饮用方式，可以在杯子里放入新鲜的薄荷作为装饰。

小贴士：

多余的薄荷可以洗净切碎后，放入冰箱冷冻室保存。虽然冷冻薄荷碎会失去漂亮的青翠色，但浓郁的香气不会流失太多，可以把它们作为下次制作萃取水的材料。

草莓和百里香

材料：

10 颗草莓

5 枝百里香（如果喜欢浓郁的百里香味道，可以多添加一些）

5 量杯纯净水

制作方法：

草莓洗净去叶，每颗都切成两半，放入冷水壶中。用手掌轻轻揉压百里香，让它们释放出香气，并渗出精油后，与草莓混合。倒入冷水浸泡。放置于冰箱冷藏室内冷萃 2 小时后饮用最佳。如果你喜欢更精致的饮用方式，可以在杯子里放入新鲜的百里香作为装饰。

小贴士：

百里香的种类非常多。如果你厌倦了传统百里香的味道，可以试试用柠檬百里香来制作这款冷萃水。

混合莓果和肉桂

材料:

10 颗蓝莓

10 颗覆盆子（树莓）

4 颗草莓

2 根肉桂棒（如果喜欢浓郁的肉桂味道，可以多添加一些）

5 量杯纯净水

冰块，适量

制作方法:

将蓝莓和覆盆子一起放入小碗中，用勺子的背面把它们轻轻碾碎，盛出果肉和果浆并放入壶中，记得不要漏掉任何一滴果汁。把草莓去叶，切半，放入壶中。最后把肉桂棒用杵轻轻挤压，帮助其释放香气后放入壶中。

倒入冷水浸泡。放置于冰箱冷藏室内，冷萃 2 小时以上饮用最佳。

如果你喜欢更有仪式感的饮用方式，可以在杯子里放入肉桂棒和各种新鲜的莓果。

小贴士:

如果碰巧赶上没有新鲜莓果的季节，可以用冷冻莓果来替代。大部分超市里都有销售经济实惠的冷冻混合莓果。

肉豆蔻和姜

材料:

2 块大拇指大小的姜

1/4 颗肉豆蔻

2 量杯开水

制作方法:

把姜切成薄片，用杵轻轻击打出汁后，放入小茶壶中。把肉豆蔻碾碎后撒在姜片上。往茶壶中倒入热水，放置 5 ~ 10 分钟后饮用。

黑莓、小柑橘和丁香

热饮

材料：

8 颗黑莓

4 粒丁香

2 个小柑橘

2 量杯纯净水

制作方法：

把所有黑莓放在一个小碗里，用勺子的背面把它们轻轻碾碎，把果肉和果浆盛出，放入长柄小煮锅里，并加入丁香。把 1 个小柑橘切成薄片后放入锅中，剩下的 1 个小柑橘切半后挤出果汁洒在其他材料上。最后倒上水，用小火煮 5 ～ 10 分钟后倒入马克杯中饮用。

嫌麻烦的话也可以把所有食材按照上述方式处理好后放入茶壶，在壶中灌满热水，放置 5 ～ 10 分钟后饮用。

小贴士：

这款萃取水特别适合冬天喝，正好冬季也是小柑橘成熟且味道最好的时候。当你结束了一整天漫长疲惫的圣诞节购物后，喝一杯热饮、配一块英式传统肉派再好不过了。

40

覆盆子、百香果和罗勒

材料：

15 颗覆盆子（树莓）

1 颗百香果

5 枝罗勒（如果喜欢浓郁的罗勒味道，可以多添加一些）

5 量杯纯净水

冰块，适量

制作方法：

把所有覆盆子放在一个小碗里，用勺子的背面把它们轻轻碾碎，把果肉和果浆盛出，放入冷水壶中，记得不要漏掉任何一滴果汁。百香果切成两半后，挖出果肉和籽放入壶中。最后加入罗勒和凉水，放置于冰箱冷藏室内冷萃 2 小时以上。如果你喜欢更有仪式感的饮用方式，可以在玻璃杯里加一些新鲜的罗勒。

李子和姜

材料：

1 块拇指大小的姜

2 颗李子

2 量杯纯净水

制作方法：

把姜块切成薄片，用杵轻轻击打出汁后，放入长柄小煮锅里。李子洗净后切半，去除果核。把李子果肉切成薄片放入锅中。最后倒上水，用小火煮 5 ~ 10 分钟后饮用。

嫌麻烦的话也可以把切好的姜片和李子放入茶壶，在壶中加入 2 量杯沸水，放置 5 ~ 10 分钟后饮用。这款萃取水最适合凉爽的秋季。

小贴士：

制作萃取水的时候，可以选用不同品种的李子混合在一起，这样能让萃取水有更漂亮的颜色和酸甜混合的味道。

西瓜和芫荽

材料：

半个小西瓜

10 根芫荽，（如果喜欢浓郁的芫荽味道，可以酌情添加一些）

1 个橙子

5 量杯纯净水

冰块，适量

制作方法：

小西瓜洗净后不要去皮，直接切两大片，和芫荽一起放入壶中。用削皮刀将橙子去皮，并将橙子皮放入壶中。最后倒入冷水浸泡，把壶放置于冰箱冷藏室内。冷萃 2 小时以上饮用最佳。

如果你喜欢更有仪式感的饮用方式，可以往玻璃杯里放入新鲜的芫荽作为装饰。

小贴士：

用指关节轻敲西瓜，如果有清脆的空响就代表它成熟了。萃取水的制作需要使用成熟的西瓜才能保证最佳风味。

助你活力满满的饮品

这一章分享的萃取水配方能帮你开启精力充沛的一天。配方里使用了大量的柑橘类水果、热带水果和活力清新的香草植物。这些充满"活力因子"的萃取水能帮你的身体调整到最佳状态，工作思路也更加清晰。

柑橘三兄弟

材料:

2 个橙子

1 个西柚

1 个柠檬

5 量杯纯净水

制作方法:

先把一个橙子和半个西柚挤出的果汁倒入壶中。再把剩下的一个橙子、半个西柚和一个柠檬切薄片后放入壶中。最后倒入冷水浸泡。请放置于冰箱冷藏室内，冷萃 2 小时以上再饮用。

小贴士:

有机会的话，你可以尝试着用各式各样的柑橘制作萃取水。青柠会让萃取水的味道更加清爽，血橙会让萃取水的颜色看起来更加艳丽。

苹果和薄荷

材料：

2 个苹果

10 根薄荷（如果喜欢浓郁的薄荷味道，可酌情添加）

5 量杯纯净水

冰块，适量

制作方法：

苹果不要削皮，直接切瓣，放入壶中。用手掌轻轻揉压薄荷，让它们释放出香气后，与苹果混合。倒满冷水浸泡。把水壶放置于冰箱冷藏室内冷萃 2 小时后饮用最佳。如果你喜欢更精致的饮用方式，可以在杯子里放入新鲜的薄荷作为装饰。

小贴士：

制作这款萃取水最好选用口感爽脆的苹果。如果你喜欢有一点淡淡酸味的清爽感，可以用青苹果。如果你喜欢甜甜的感觉，可以用嘎啦苹果（佳丽果）。

杧果和百香果

材料:

半个百香果

半个杧果

2 量杯热水

制作方法:

将百香果切成两半,把其中半个百香果的果肉和籽舀入一个小茶壶中。

再加入半个杧果果肉的切片。

在壶中灌满沸水,萃取 5 ~ 10 分钟即可饮用。

小贴士:

把剩下的半个杧果削皮切片,加入半个青柠的果汁,再撒上一点点盐和辣椒粉。一盘和这款水果饮超搭的小零食就完成啦!

樱桃和薄荷

材料：

10 颗樱桃

10 根薄荷（如果喜欢浓郁的薄荷味道，可酌情添加）

5 量杯纯净水

冰块，适量

制作方法：

把樱桃切半、去核，放入壶中。用手掌轻轻揉压薄荷，让它们释放出香气后，与樱桃混合。倒入冷水浸泡。把水壶放置于冰箱冷藏室内，冷萃 2 小时后饮用最佳。如果你喜欢更精致的饮用方式，可以在杯子里放些新鲜的薄荷作为装饰。

石榴和姜

材料:

1 个石榴

2 块大拇指大小的姜

5 量杯纯净水

冰块，适量

制作方法:

用手掌轻轻压着石榴，不断滚动它，这样能让石榴籽松动。把石榴切半，拿一个碗接着，让切割的那一面冲下，用擀面杖或者木勺使劲敲击石榴表皮，这样能让石榴籽松动后掉落。残留在果皮上的少许石榴籽需要用手剥下来。

用杵轻轻碾压石榴籽，把果肉和果汁盛出，放入壶中。把姜块切薄片，跟石榴籽混合。壶中倒入冷水，放置于冰箱冷藏室内冷萃 2 小时后饮用最佳。

小贴士:

在挑选石榴的时候，要选那些表皮光滑没有损伤的。用手掂一掂，选个分量重一些的石榴。同等大小的石榴，分量越重，汁水越饱满。

西柚和迷迭香

材料：

1 个西柚

6 枝迷迭香（如果喜欢浓郁的迷迭香味道，可酌情添加）

5 量杯纯净水

冰块，适量

制作方法：

用擦丝器轻轻地刨出西柚表皮碎屑（不要削掉白色的部分），西柚皮碎连同迷迭香一起放入壶中。再把西柚切块，放入壶中，倒入冷水浸泡，放置于冰箱冷藏室内冷萃 2 小时后饮用最佳。如果你喜欢更精致的饮用方式，可以在杯子里放入新鲜的迷迭香作为装饰。

甜菜根、柠檬和薄荷

材料:

1 头甜菜根

1 个柠檬

3 枝薄荷（如果喜欢浓郁的薄荷味道，可酌情添加）

5 量杯纯净水

制作方法:

把甜菜根切片，放入较大的壶中。再把柠檬切片与甜菜根片混合。用手掌轻轻揉压薄荷，让它们释放出香气后放入壶中，加入冷水。放置于冰箱冷藏室内冷萃 2 小时后饮用最佳。如果你喜欢更精致的饮用方式，可以在杯子里放入新鲜的薄荷作为装饰。

小贴士:

如果有剩余的甜菜根，可以做成腌渍菜来储存。在长柄小煮锅中放入4餐匙白葡萄酒醋、2餐匙绵白糖和一小撮盐，小火加热至糖完全溶化后关火，放凉。把1个中等大小的甜菜根削皮后切丝，跟煮好的酱汁混合在一起，搅拌均匀后食用。酸甜口味的甜菜丝放入沙拉中或者作为英式农夫午餐的配菜都很不错。

草莓、薄荷和黄瓜

材料：

10 颗草莓

半根黄瓜

6 枝薄荷

5 量杯纯净水

制作方法：

把草莓去蒂后切半放入壶中。用削皮器顺着长边把黄瓜刮成丝带状的薄片并放入壶中。用手掌轻轻揉压薄荷，让它们释放出香气后放入壶中。倒入冷水浸泡。放置于冰箱冷藏室内冷萃 2 小时后饮用最佳。

小贴士：

制作这款萃取水的时候，如果买不到新鲜的薄荷叶，可以用干薄荷碎来替代。

百香果和青柠

材料:

2 个百香果

1 个青柠

5 量杯纯净水

冰块，适量

制作方法:

把两个百香果切半，用勺子挖出果肉和籽放入壶中。将半个青柠挤出果汁，洒在百香果籽上。剩下的半个青柠切薄片放入壶中。倒入冷水浸泡。放置于冰箱冷藏室内冷萃 2 小时后饮用最佳。

菠萝和黄瓜

材料:

半个菠萝

半根黄瓜

5 量杯气泡水

冰块，适量

制作方法:

菠萝去皮后切成小块，放入壶中。用削皮器顺着长边把黄瓜刮成丝带状的薄片与菠萝块混合。倒入气泡水浸泡。放置于冰箱冷藏室内冷萃 2 小时后饮用最佳。如果你喜欢更有仪式感的喝法，可以在玻璃杯中放入黄瓜薄片和菠萝块。

草莓、罗勒和柠檬

材料:

1 个柠檬

10 颗草莓

5 大片罗勒叶,如果你喜欢罗勒味道重一些,也可以酌情添加一些

5 量杯纯净水

冰块,适量

制作方法:

先用擦丝器轻轻刮出柠檬皮碎屑,放入壶中。把柠檬切半,用其中半个挤出果汁,剩下的半个切片,一起放入壶中。草莓切半,连同罗勒叶一起放入壶中。倒入纯净水浸泡。放置于冰箱冷藏室内冷萃 2 小时后饮用最佳。如果你喜欢更精致的饮用方式,可以在玻璃杯中加入 1 片罗勒作为装饰。

小贴士:

如果买不到新鲜的罗勒,也可以用九层塔来替代,制作有亚洲风情的萃取水。

八角和黑胡椒

热饮

材料:

1 餐匙黑胡椒

4 颗八角

1 餐匙蜂蜜

2 量杯开水

制作方法:

用杵把黑胡椒粗略碾压一下，放入小茶壶中。再把八角放入壶中，灌入沸水。滴入蜂蜜，搅拌均匀。放置5 ~ 10分钟后饮用最佳。如果你喜欢比较重的黑胡椒或者蜂蜜味，可以按照自己的偏好来进行添加。

小贴士:

这款胡椒味满满的萃取水对治疗感冒和缓解咽喉干痒很有帮助。

菠萝和椰子

材料：

半个菠萝

一大把椰子肉块或者脱水椰子肉

1 个青柠

5 量杯纯净水

制作方法：

菠萝去皮后，将果肉切成小块。把椰子和菠萝块放入一个较大的壶中，挤入半个青柠的果汁。加入纯净水浸泡，放在冰箱冷藏室冷萃 2 小时后饮用最佳。把剩下的半个青柠切成几瓣，在饮用萃取水的时候放入玻璃杯即可。

石榴和奇异果

材料：

1 个石榴

1 个奇异果

5 量杯纯净水

冰块，适量

制作方法：

用手掌轻轻压着石榴，滚动石榴，这样能让石榴籽松动。把石榴切半，拿一个碗接着，让切割的那一面冲下，用擀面杖或者木勺使劲敲击石榴表皮，这样能让石榴籽松动后掉落。残留在果皮上的少许石榴籽需要用手剥下来。

用杵轻轻碾压石榴籽，把所有的果肉和果汁盛出，放入壶中。奇异果切成薄片后，跟石榴籽混合。倒入冷水浸泡。放置于冰箱冷藏室内冷萃 2 小时后饮用最佳。

小贴士：

石榴和奇异果都是膳食纤维的绝佳来源。在饮用完这款果蔬萃取水后，可以食用剩下的果肉，这样有助于维持你的消化系统健康。记得要用整粒的石榴籽而不只是石榴汁，因为石榴籽包含有益的纤维素。

葡萄柚和覆盆子

材料：

15 颗覆盆子

1 个葡萄柚

6 枝芫荽

5 量杯纯净水

制作方法：

葡萄柚切半，挤出其中半个的果汁，再把剩下的半个切厚片，跟覆盆子和整根芫荽一起放入大号冷水壶中。倒入冷水浸泡。把水壶放置于冰箱冷藏室内，冷萃 2 小时后饮用最佳。

小贴士：

如果你有机会可以买到柚子，不妨用它来替代此食谱中的葡萄柚。柚子是一种来自东南亚的水果，个大，味道跟葡萄柚很像，但没有葡萄柚的苦涩。柚子有很多白色纤维，去皮的时候记得要把这些白色纤维也去掉。去皮之后的柚子跟其他柑橘类水果的使用方法相同，可以根据需要挤出果汁、切成片或者切瓣。

罗勒、梨和黑胡椒

材料:

1 餐匙黑胡椒，可以多准备些，用于后期调味

2 个梨

5 枝罗勒

5 量杯纯净水

冰块，适量

制作方法:

用杵把黑胡椒粗略碾压一下，撒入大号冷水壶中。把梨核去掉，果肉切薄片后放入壶中。将整枝罗勒放进壶里，倒入冷水浸泡。在冰箱冷藏室内冷萃 2 小时后饮用最佳。喝之前尝一下，如果喜欢的话可以往杯子里加入几粒黑胡椒。

小贴士:

新鲜碾碎的黑胡椒香气浓郁，能让萃取水有更棒的味道，比直接使用现成的黑胡椒粉要好很多。

柠檬草和姜

材料：

2 根柠檬草

1 块拇指大小的姜

2 量杯开水

制作方法：

用杵把柠檬草挤压出香气和精油，然后把它们放入一个小茶壶中。姜块切成薄片后，放入壶中。最后加入开水，浸泡 5 ~ 10 分钟后饮用。

小贴士：

这款萃取水入口有淡淡的辛辣味，回味非常清新，特别适合作为早餐茶或者咖啡的替代品。

茴香和小柑橘

材料：

1 个结球茴香

3 个小柑橘

5 量杯纯净水

制作方法：

把结球茴香切成非常薄的薄片，放入大号冷水壶中。再把 2 个小柑橘横切成漂亮的圆片，跟结球茴香片放在一起。把剩下 1 个小柑橘挤出的果汁放入壶中后，倒入冷水。在冰箱冷藏室内冷萃 2 小时后饮用最佳。如果喜欢的话，可以在杯子里加入少许茴香叶，会让萃取水看起来更加精致。

小贴士：

茴香是一种非常健康的食物，尤其是对维护消化系统的健康和身体的新陈代谢很有帮助。它含有大量的维生素C，所以这款萃取水能将你从昏昏沉沉的状态中唤醒。

让你身心放松的饮品

这一章里分享的几种萃取水特别适合在慵懒的夜晚或是周末饮用。食谱里使用了茴香籽、小豆蔻这些具有镇静、舒缓作用的食材。喝上一杯，能帮你减轻现代生活带来的焦虑和压力，帮助你拥有更好的睡眠。

黑莓和月桂叶

材料:

3 片月桂叶

10 颗黑莓

5 量杯纯净水

冰块，适量

制作方法:

用杵用力敲打月桂叶，或者也可以用擀面杖的一端击打，让它释放出香气和自然的精油。把黑莓切半，和月桂叶一起放入大号冷水壶中。倒入冷水。把水壶放置于冰箱冷藏室内冷萃 2 小时后饮用最佳。如果喜欢的话可以在杯子里加入 1 片月桂叶装饰。

小贴士:

月桂树养起来很简单，是很不错的庭院植物。如果有机会的话，不妨让它成为你家植物中的一员。

桃、薄荷和青柠

材料：

2 个桃

5 根薄荷

1 个青柠

5 量杯纯净水

制作方法：

把桃切半去核，果肉切成薄片。用双手轻轻揉压薄荷，让它们释放出香气后，跟桃片一起放入壶中。把切片的青柠和冷水一起倒入壶中，把水壶放置于冰箱冷藏室内冷萃 2 小时后饮用最佳。

小贴士：

阳光明媚的夏季正是桃子成熟的时节，按照这个食谱做一杯萃取水让自己放松一下吧！

红莓果香料饮

材料：

10 颗覆盆子

10 颗草莓

2 根肉桂棒

3 粒八角

5 量杯纯净水

冰块，适量

制作方法：

把覆盆子和草莓切半后放入大号冷水壶中。用杵轻轻敲打肉桂棒，帮助它释放出原有的香气，和八角一起放入壶中。最后加入冷水。把水壶放置于冰箱冷藏室内冷萃 2 小时后饮用最佳。

覆盆子、姜和小豆蔻

材料：

1 块拇指大小的姜

4 粒小豆蔻

10 颗覆盆子

5 量杯纯净水

冰块，适量

制作方法：

把姜块切成薄片。用杵敲打姜片和小豆蔻粒，让它们释放出香气后，放入大号冷水壶中。把覆盆子切半后与香料混合，最后倒入冷水浸泡。把水壶放置于冰箱冷藏室内冷萃 2 小时后饮用最佳。

小贴士：

小豆蔻、姜和姜黄属于同一种植物科——姜科，所以它们对消化系统和恶心、反胃都有舒缓功效。小豆蔻在磨碎之后，香气会迅速流失，所以制作这款萃取水的时候，小豆蔻要现用现磨，千万不要预先磨碎。

梨和玫瑰水

材料：

2 个梨

1 个柠檬

5 量杯纯净水

1 餐匙玫瑰水

冰块，适量

制作方法：

梨不要去皮，直接切成薄片，放入大号冷水壶中。把柠檬皮剥下后切成丝，跟梨片混合。

倒入冷水，再加入玫瑰水。如果你喜欢更浓郁的玫瑰香气，可以酌量加一些玫瑰水。把水壶放置于冰箱冷藏室内冷萃 2 小时后饮用最佳。

小贴士：

如果喜欢非常有仪式感的精致喝法，可以用雾霾粉色的花瓣放在杯子里作为装饰。你可以在一些超市里或者健康食品线上线下店里买到可食用的玫瑰花瓣。

柠檬、姜和姜黄

热饮

材料:

1 块拇指大小的姜

2 块拇指大小的新鲜姜黄

1 个柠檬

2 量杯开水

制作方法:

把切成薄片的姜和姜黄放入臼中，用杵捣出香气后，放入一个小茶壶中。把柠檬切半，挤出果汁，洒在姜片上。最后加入沸水，浸泡 5 分钟后饮用。

小贴士:

这款萃取水很适合早上饮用，它能帮助你清洁消化系统，促进新陈代谢。

荔枝和青柠

材料：

10 颗荔枝

2 个青柠

5 量杯纯净水

冰块，适量

制作方法：

把荔枝皮剥掉，果肉切半，去掉果核，把汁水满满的荔枝肉放入大号冷水壶中。

青柠切成薄片后一并放入壶中。最后倒入冷水浸泡。把水壶放置于冰箱冷藏室内冷萃 2 小时后饮用最佳。

小贴士：

荔枝的营养特别丰富，尤其是维生素C含量高，非常适合用来制作萃取水。它的果肉含水量非常高，热量非常低，是能让你的身体全天维持水分的好伴侣。

玫瑰果茶

材料:

1 餐匙干玫瑰果

2 量杯开水

制作方法:

将干玫瑰果放入小茶壶中,倒入沸水,浸泡 5 分钟后饮用。

注意:你可以在网上或者线下健康食品店里买到干玫瑰果。如果你家花园里碰巧有大片的玫瑰花丛,记得把果实收集起来,把每一粒切成两半后,放入 100 摄氏度的烤箱中烘干后使用。

小贴士:

玫瑰果茶含有大量的抗氧化物,能帮助你减少焦虑并且保持身体健康。

小豆蔻和橙子

热饮

材料：

6 颗小豆蔻

1 个橙子

2 量杯开水

制作方法：

用杵轻轻敲碎小豆蔻，让其散发出香气后，放入小茶壶中。橙子切成两半后，其中一半挤出果汁，将果汁与小豆蔻混合。剩下的半个橙子切成薄片后放入壶中。倒入沸水，浸泡 5 分钟后饮用。

小贴士：

小小的日式茶壶是做这种热萃取水很适合的用具，在茶类专门店和网上都能够买到。

小茴香籽和胡椒薄荷

热饮

材料:

1 茶勺小茴香籽

1 茶勺干胡椒薄荷叶

2 量杯开水

制作方法:

用杵轻捣小茴香籽，让它释放出香气。把小茴香籽和干胡椒薄荷放入茶壶中，倒入沸水，浸泡5分钟后饮用。

小贴士:

小茴香籽和胡椒薄荷都能帮助减轻消化不良症状，所以这款萃取水比咖啡更适合餐后饮用。

红橘和黄瓜

材料:

2 个红橘

半根黄瓜

5 量杯冰纯净水

制作方法:

把红橘切成薄片放入大号冷水壶。用削皮器顺着长边把黄瓜刮成丝带状的薄片,与红橘片混合。倒入冰纯净水,放入冰箱冷藏室冷萃 2 小时后饮用最佳。如果想要更有仪式感,不妨在玻璃杯中加入黄瓜片和红橘片。

香料茶

热饮

材料：

8 粒小豆蔻

1 根肉桂棒

4 颗丁香

2 颗八角

2 量杯热水

1 餐匙蜂蜜

制作方法：

用杵轻轻敲击小豆蔻和肉桂棒，让它们释放出香气后，倒入小茶壶中。把丁香和八角放入壶里，倒满沸水后，加 1 汤匙蜂蜜搅拌均匀，浸泡 5 分钟后饮用。如果喜欢更甜一点的口味，可以在饮用前适量添加一些蜂蜜。

小贴士：

茶是这个世界上所知的古老的"萃取水"之一。在古代，它常常作为一种治愈性的饮品而存在，现在它也是印度本地流行的一种饮品。

菠萝和薄荷

材料：

1/4 个菠萝

5 枝薄荷

5 量杯纯净水

冰块，适量

制作方法：

菠萝不去皮洗净后，切成菠萝角，放入大号冷水壶中。用手掌轻轻揉压薄荷，让它们释放出香气后与菠萝混合。倒入冷水浸泡。放置于冰箱冷藏室内冷萃 2 小时后饮用最佳。如果喜欢的话，喝的时候可以加一些冰块。

小贴士：

这款新鲜热带水果冷萃水非常适合在一个温暖的夜晚饮用，能让你充分放松。

柠檬、蓝莓和薰衣草

材料：

1 个柠檬

15 个蓝莓

1 茶勺干薰衣草

5 量杯纯净水

冰块，适量

制作方法：

把柠檬皮用擦丝器擦出长条状的丝，放在一边备用。然后把柠檬果肉切成圆形薄片，连同蓝莓一起放入壶中。撒入干薰衣草，加入冷水，放置于冰箱冷藏室内冷萃 2 小时后饮用最佳。饮用的时候在玻璃杯里加入柠檬片、柠檬皮丝和蓝莓作为装饰。

小贴士：

如果你的花园里没有种植薰衣草，可以从网上或者线下店铺里购买食品级的薰衣草。

香草、肉桂和小柑橘

热饮

材料:

1 根香草荚

1 根肉桂棒

2 个小柑橘

2 量杯开水

制作方法:

顺着长边把香草荚用刀划成两半，再用刀背或者茶勺把香草荚里的香草籽刮出。把香草荚和香草籽都放入小茶壶中。用杵轻轻敲击肉桂棒，当它散发出香气后，放入壶中。再把 1 个小柑橘切成薄片，放入壶中。剩下的 1 个小柑橘切半后挤出果汁，将果汁放入壶中。倒入沸水，浸泡 5 分钟后饮用。

小贴士:

你知道香草是兰科植物的一种吗？
为了能让这款萃取水味道丰富，请尽量使用新鲜的香草荚来制作。

黄瓜、青柠和芫荽

材料：

2 个青柠

半根黄瓜

6 枝芫荽（如果你喜欢芫荽的味道浓郁一些，可以酌情多添加一些）

5 量杯纯净水

冰块，适量

制作方法：

把 1 个青柠切薄片后放入大号冷水壶内。剩下的 1 个青柠切成两半后挤出果汁，只把果汁加入壶中。用削皮器顺着长边把黄瓜刮成丝带状的薄片并与青柠混合。倒入冷水浸泡。放置于冰箱冷藏室内冷萃 2 小时后饮用最佳。如果你喜欢更有仪式感的喝法，可以在玻璃杯中放入黄瓜薄片和芫荽后饮用。

小贴士：

新鲜的芫荽富含维生素K和维生素C，可以在你的窗台种一盆哦！

洋甘菊、柠檬香蜂草助眠饮

热饮

材料：

1 茶勺干洋甘菊

1 茶勺干柠檬香蜂草

2 量杯开水

制作方法：

把洋甘菊和柠檬香蜂草放入长柄小煮锅中，加入水，煮开后用小火煮 5 分钟。

也可以把洋甘菊和柠檬香蜂草放入小茶壶中，倒入沸水，浸泡 5 分钟后再饮用。

喝之前记得要用滤网过滤残渣。

小贴士：

洋甘菊和柠檬香蜂草都能有效助眠，睡前喝一杯按这个配方制作的萃取水，能够让你有个好梦的夜晚。

索　引

B

八角

香料茶 110

红莓果香料饮 92

八角和黑胡椒 72

百里香

草莓和百里香 34

百香果

杧果和百香果 54

百香果和青柠 66

覆盆子、百香果和罗勒 43

薄荷

苹果和薄荷 52

甜菜根、柠檬和薄荷 62

樱桃和薄荷 56

薄荷、柠檬和姜 33

桃、薄荷和青柠 90

菠萝和薄荷 112

草莓、薄荷和黄瓜 64

西瓜和薄荷 30

菠萝

菠萝和椰子 75

菠萝和黄瓜 69

菠萝和薄荷 112

C

草莓

混合莓果和肉桂 37

红莓果香料饮 92

草莓和百里香 34

草莓、罗勒和柠檬 70

草莓、薄荷和黄瓜 64

橙子

黑莓、橙子和姜 18

小豆蔻和橙子 104

柑橘三兄弟 50

姜黄、姜和橙子 23

D

丁香

黑莓、小柑橘和丁香 40

香料茶 110

杜松子

蓝莓、迷迭香和杜松子 26

F

蜂蜜

香料茶 110

八角和黑胡椒 72

覆盆子

葡萄柚和覆盆子 78

混合莓果和肉桂 37

覆盆子、姜和小豆蔻 94

覆盆子、百香果和罗勒 43

红莓果香料饮 92

G

柑橘类水果

柑橘三兄弟 50

H

哈密瓜
姜和哈密瓜 20

黑胡椒
罗勒、梨和黑胡椒 80
八角和黑胡椒 72

黑莓
黑莓和月桂叶 88
黑莓和柠檬 29
黑莓、小柑橘和丁香 40
黑莓、橙子和姜 18

胡椒薄荷
小茴香籽和胡椒薄荷 106

黄瓜
黄瓜、青柠和芫荽 118
菠萝和黄瓜 69
草莓、薄荷和黄瓜 64
红橘和黄瓜 109

茴香
茴香和小柑橘 85
小茴香籽和胡椒薄荷 106

J

姜
黑莓、橙子和姜 18
姜和哈密瓜 20
柠檬、姜和姜黄 98
柠檬草和姜 82
薄荷、柠檬和姜 33
肉豆蔻和姜 38
李子和姜 44
石榴和姜 58
覆盆子、姜和小豆蔻 94
姜黄、姜和橙子 23

姜黄
柠檬、姜和姜黄 98

姜黄、姜和橙子 23

L

蓝莓
蓝莓、迷迭香和杜松子 26
柠檬、蓝莓和薰衣草 114
混合莓果和肉桂 37

梨
罗勒、梨和黑胡椒 80
梨和玫瑰水 96

李子
李子和姜 44

荔枝
荔枝和青柠 101

罗勒
罗勒、梨和黑胡椒 80
覆盆子、百香果和罗勒 43
草莓、罗勒和柠檬 70

M

杧果
杧果和百香果 54

玫瑰果
玫瑰果茶 102

玫瑰水
梨和玫瑰水 96

莓果
冷冻莓果 37
混合莓果和肉桂 37
红莓果香料饮 92

迷迭香
蓝莓、迷迭香和杜松子 26
西柚和迷迭香 60

N

柠檬
甜菜根、柠檬和薄荷 62
黑莓和柠檬 29
柠檬、蓝莓和薰衣草 114
柠檬、姜和姜黄 98
薄荷、柠檬和姜 33
草莓、罗勒和柠檬 70
柑橘三兄弟 50

柠檬草
柠檬草和姜 82

柠檬香蜂草
洋甘菊、柠檬香蜂草助眠饮 120

P

苹果 11
苹果和薄荷 52

苹果醋
购买苹果醋 24
苹果醋和肉桂 24

葡萄柚
葡萄柚和覆盆子 78

Q

奇异果
石榴和奇异果 76

青柠
黄瓜、青柠和芫荽 118
荔枝和青柠 101
百香果和青柠 66
桃、薄荷和青柠 90
菠萝和椰子 75

R

肉豆蔻
肉豆蔻和姜 38

肉桂
苹果醋和肉桂 24
混合莓果和肉桂 37
香料茶 110
红莓果香料饮 92
香草、肉桂和小柑橘 116

S

石榴
石榴和姜 58
石榴和奇异果 76

T

甜菜根
甜菜根、柠檬和薄荷 62

X

西瓜
西瓜和芫荽 47
西瓜和薄荷 30

西柚
西柚和迷迭香 60
柑橘三兄弟 50

香草 116
香草、肉桂和小柑橘 116
香料茶 110

小豆蔻
小豆蔻和橙子 104
覆盆子、姜和小豆蔻 94

香料茶110
小柑橘
黑莓、小柑橘和丁香 40
茴香和小柑橘 85
香草、肉桂和小柑橘116
薰衣草
柠檬、蓝莓和薰衣草 114

Y

洋甘菊
洋甘菊、柠檬香蜂草助眠饮 120
椰子
菠萝和椰子 75
樱桃
樱桃和薄荷 56
芫荽
黄瓜、青柠和芫荽 118
葡萄柚和覆盆子 78
西瓜和芫荽 47
月桂叶
黑莓和月桂叶 88

热萃水

八角和黑胡椒 72

薄荷、柠檬和姜 33

黑莓、小柑橘和丁香 40

李子和姜 44

杧果和百香果 54

玫瑰果茶 102

柠檬、姜和姜黄 98

柠檬草和姜 82

苹果醋和肉桂 24

肉豆蔻和姜 38

香草、肉桂和小柑橘 116

香料茶 110

小豆蔻和橙子 104

小茴香籽和胡椒薄荷 106

洋甘菊、柠檬香蜂草助眠饮 120

致　谢

感谢 Hardie Grant 出版社特别优秀的工作组。莎拉、哈丽和杰马邀请我成为这个项目的一员，他们随和又有趣，沟通顺畅且有耐心，跟他们一起工作的每一天都充满创意。特别感谢哈丽在这本书中友情出镜了很多次，相信大家都会觉得她是个优秀的手模！

卢克拍摄了这本书中所有优雅又美丽的照片，感谢他让这本书变得栩栩如生。也感谢路易帮忙挑选了各式各样漂亮的餐具，并且提供了优秀的设计建议。他们的公司不但在食物、室内装潢和宠物方面的摄影非常优秀，而且相关的摄影知识也十分丰富。

我的母亲和父亲一直以来都非常支持我，当我需要帮助的时候，他们总是在电话的另一端等着我。他们的一言一行在不知不觉中培养了儿时的我对烹饪的热爱。感谢我的姐姐罗伊莎，她是我最好的朋友，她善良、开朗、积极向上，并且一直都在无私地帮助我。她的男朋友——派，也和她一样支持我，尤其感谢他帮我带孩子！还有我最好的朋友们：艾玛、凯特、起亚、露西和佐伊，她们一直开心热情、面带笑容地帮我品尝并测试我的食谱。

最后（也是最重要的）要感谢汤姆和我的女儿——罗伊莎。这是我生孩子后的第一个项目，在此期间，他们一直给予我支持。每天结束工作后能看到你们的笑脸是我生命中的无价之宝。希望给你们做饭会一直是我生活中最大的乐趣。